PUBLICATIONS DE LA SOCIÉTÉ D'ACCLI

Tout ce qui concerne la Rédaction doit être adressé 41, r

La Société d'Acclima'ation publie deux fois dans le format in-8°, orné de gravures lorsq l'exigent, et qui forme chaque année un fort volume.

La *Revue des Sciences naturelles appliquées* renferme : les travaux des membres de la Société et les communications des personnes qui y sont étrangères ; des extraits des procès-verbaux des séances générales et des sections ; une chronique de faits divers et extraits de correspondance ; une chronique étrangère ; une chronique des sociétés savantes ; une revue de quinzaine du Jardin zoologique d'Acclimatation ; un compte rendu bibliographique des ouvrages qui sont offerts à la Société et une revue des publications qui lui sont adressées.

La *Revue des Sciences naturelles appliquées* est envoyée à tous les membres de la Société à partir du commencement de l'année dans laquelle ils sont reçus.

Une feuille supplémentaire, destinée à faciliter les relations des sociétaires entre eux, insère gratuitement leurs offres, demandes et échanges d'animaux ou de plantes.

Les demandes en insertion doivent parvenir à la Société au moins cinq jours à l'avance.

Les personnes qui ne font pas partie de la Société peuvent s'abonner à ses publications aux conditions suivantes :

REVUE DES SCIENCES NATURELLES APPLIQUÉES

Paraissant le 5 et le 20 de chaque mois depuis Janvier 1889.

Abonnement annuel.

Paris, Province et Étranger.................... **25 fr.** »

Les abonnements partent du 1ᵉʳ janvier et sont faits pour l'année entière.

Prix de chacune des années du Bulletin mensuel *déjà publiées*
(le port en sus : 0 fr. 85 *par volume ;* 0 fr. 10 *par numéro*) :

1ʳᵉ série (années 1854 à 1863). 10 volumes. Chacun.........	12 fr.	»
Pour les membres.....................	10	»
2ᵉ série (années 1864 à 1873). 10 volumes. Chacun.........	10	»
Pour les membres.....................	6	»
3ᵉ série (années 1874 à 1883), le volume.................	10	»
Pour les membres.....................	6	»
4ᵉ série (depuis 1884), le volume...................	10	»
Pour les membres.....................	6	»
A partir de 1888 (*Bulletin bimensuel*), le volume......	25	»
Pour les membres....	18	75
Un numéro pris séparément....................	1	»
Pour les membres.....................	»	75

Nul envoi de tirage à part ou de numéro du *Bulletin* ne sera fait, si la demande n'est accompagnée du prix de ces publications.

LA FAUCONNERIE D'AUTREFOIS

ET

LA FAUCONNERIE D'AUJOURD'HUI

Conférence faite à la Société nationale d'Acclimatation
le 21 mars 1890,

PAR M. PIERRE-AMÉDÉE PICHOT.

Mesdames, Messieurs,

En venant assister dans cette salle à une conférence sur la fauconnerie, je crains que votre première impression n'ait été celle d'une déception lorsque vous avez vu monter à cette tribune un Monsieur en habit noir, au lieu du page en pourpoint de satin et en manteau de velours, au lieu du chevalier bardé de fer, que vous aviez sans doute rêvé.

C'est que la fauconnerie est en effet inséparable de ces souvenirs de vie élégante et d'existence aventureuse qu'elle évoque infailliblement devant nous, et c'est bien cette association intime qui a fait son malheur en laissant croire aux générations contemporaines, que l'art de la fauconnerie était un art du temps passé, aussi difficile à faire renaître et à voir fleurir de nos jours que les bastilles et les tours de Nesles, dont nous avons vu récemment la reconstitution... en carton, autour du Champ-de-Mars; aussi perdu que les diligences à cinq chevaux ou « les coucous ostinés » dans lesquels nos pères se rendaient à la campagne pour respirer les âcres senteurs des champs.

Avant de vous montrer qu'il n'en est point ainsi, que la fauconnerie n'est pas morte et que même elle n'a jamais été mieux pratiquée que par les adeptes qui en ont perpétué les traditions et perfectionné les procédés, je voudrais cependant m'attarder quelques instants avec vous dans ce passé qui n'est pas seulement charmant parce que nous le voyons à travers le prisme de l'éloignement et de la distance, mais parce qu'il est tout plein de cette atmosphère de poésie et de ce parfum

1

de noblesse dont il me semble que nous devons d'autant plus cultiver les foyers, que le siècle réaliste où nous vivons tend davantage à étouffer la voix des nymphes et des driades sous le bruit de l'enclume des forgerons, et, alors que l'autel des vestales n'est plus entretenu que par le pétrole et par l'électricité, il est bon de songer un peu au feu de bois de nos pères. C'est si joli un feu de bois !

Un chevalier breton bardé de fer chevauchait dans la forêt de Broceliande, se dirigeant vers la cour du roi Arthus, vers ce château fameux dont il me serait difficile aujourd'hui de vous préciser la situation, malgré les progrès de la géographie, mais qui était bien connu à cette époque, puisque notre chevalier était en route pour s'y rendre. Le chemin n'était cependant pas si connu que le chevalier ne se perdît dans les bois d'alentour ! Tout à coup, au détour d'une route, il se trouva en face d'une belle damoiselle montant un élégant palefroi, laquelle l'arrêta et lui dit poliment :

« — Beau chevalier où vas-tu ?

» — Que vous importe », répondit le chevalier du ton contrarié des gens qui ont perdu leur route et qui risquent de passer la nuit dans un bois.

» — Il m'importe, reprit la damoiselle, car je prends intérêt à ce que tu vas faire. Tu vas chercher le fameux épervier qui se tient sur un perchoir à la porte du château du roi Arthus !

» — C'est vrai, avoua le chevalier tout confus.

» — Eh bien, je vais t'aider à atteindre ton but, mais écoute bien ce que je vais te dire. »

Les damoiselles étaient très généreuses et très complaisantes dans ce temps-là. Celle-là était fée d'ailleurs. Il serait trop long de vous redire les conseils qu'elle prodigua à l'aventureux chevalier pour lui permettre de surmonter tous les obstacles et de vaincre les monstres qui devaient lui barrer le chemin. Toujours est-il qu'elle échangea son élégant cheval qui connaissait les sentiers les plus secrets de la forêt, contre le lourd destrier de combat de son interlocuteur et, fort de sa protection, notre héros finit par découvrir le château du roi Arthus, qui se perdait un peu dans les nuages, j'imagine, comme aujourd'hui la tour Eiffel. Ayant surmonté tous les obstacles, il obtint le faucon merveilleux qui vint de lui-même se percher sur son gant et, attaché aux jets qu'il portait aux pattes, le chevalier découvrit, à sa grande surprise, un livre composé de feuillets d'or. Une voix se fit entendre qui lui dit : « Prends ce livre précieusement, c'est le code d'amour rédigé par le Dieu d'amour en personne pour servir de guide à tous les loyaux amants. » Le chevalier rapporta donc en même temps que l'épervier, ce code dont il fit hommage à la dame de ses pensées, et ce code a été depuis lors appliqué dans toutes ces cours d'amour qui furent un des grands instruments de civilisation du moyen âge.

L'influence de la femme, si puissante dans toutes les transformations sociales, était difficile à exercer dans ces temps sauvages, dans cet âge de fer où l'on passait sa vie à se battre, à voyager, où l'on était toujours sorti ! Par la fauconnerie, les femmes prirent une grande influence dans les plaisirs extérieurs de leurs seigneurs et maîtres dont elles n'auraient guère pu partager autrement les ébats violents. Par les cours d'amour, elles tranchèrent une foule de difficultés d'intérieur d'une façon un peu précieuse, un peu subtile peut-être et difficile à comprendre à notre époque. Et ainsi, jugeant et chassant tour à tour, elles assoient leur autorité et mènent ce monde barbare par le bout du nez aussi facilement que le monde civilisé.

Nous voici donc en pleine poésie avec la fauconnerie du moyen âge et les trouvères qui, de château en château, s'en vont accorder leur lyre et chanter les hauts faits des belles châtelaines. C'est sous la forme d'un autour que le poétique amant du *Lai d'Ywenec* apparut à son amie qui languissait dans une tour. Dans *Guillaume au faucon*, c'est sous l'allégorie transparente de cet oiseau que la douce châtelaine, aimée de Guillaume, explique à son baron, la passion qui allait causer la mort de son écuyer favori. Dans *Garin de Monglave*, une des plus belles chansons de geste du Cycle de Charlemagne, la reine avouant son amour pour Garin, dans son élan de franchise passionnée, n'oublie pas d'ajouter à la liste de tout ce qui lui est devenu indifférent depuis qu'elle aime, les joies de la fauconnerie :

> Voir voler autour, gerfaut ni faucon,
> Epervier ni sacret, ni vol d'émerillon,

ne peuvent la charmer ni la distraire. Dans la *Vengeance de Raguidel*, la belle Ydoine, se préparant à accompagner son ami Ydain à la cour, prend pour tout bagage un épervier sur son poing, comme nous prendrions aujourd'hui un sac de nuit. Enfin partout, dans le *Roman de Méraugis de Portlesguez*, dans le *Bel Inconnu*, l'épervier est le prix que se disputent les combattants dans les tournois pour l'offrir à leurs belles :

« — Beau sire, dit à Gifflet le bel inconnu, pour quelle cause voulez-vous dire que la belle Marguerite l'espervier ne doit avoir.

» — Parce que ma mie est plus belle. »

Et les épées de sortir du fourreau, les lances de frapper les boucliers sonores et les braves chevaliers de mordre la poussière.

Mais si la fauconnerie occupe une place si importante dans les œuvres d'imagination de nos premiers poètes, c'est qu'elle était intimement liée aussi à tous les événements de la vie réelle, et nous la voyons jouer un rôle dans plus d'un épisode de notre histoire.

Sous le règne de Chilpéric Iᵉʳ, son fils, le jeune Mérovée, se voyant menacé par la terrible Frédégonde, s'était réfugié dans l'église Saint-Martin de Tours. Gontran Boson, chargé de le faire sortir par ruse de cet asile inviolable, ne trouva rien de plus tentant que de lui proposer une chasse à l'oiseau. « Que faisons-nous ici, lui dit-il, à croupir dans l'oisiveté et la paresse? Faisons venir nos Chevaux, prenons nos Autours et nos Chiens et allons-nous-en à la chasse. »

Lors du siège de Paris par les Normands en 887, on vit un exemple touchant de l'affection que les guerriers portaient à leurs oiseaux de chasse. Douze braves qui avaient défendu avec acharnement la tête du grand pont, se voyant coupés et près de succomber au nombre voulurent, avant de mourir, détacher les longes de leurs Autours et leur rendre la liberté.

Les oiseaux de vol partent avec les croisés pour la Terre-Sainte. Lorsque Philippe-Auguste débarqua devant Saint-Jean-d'Acre, il avait un Gerfaut blanc qui rompit sa longe et vola sur les murs de la ville où il fut pris par les Sarrazins qui ne voulurent pas le rendre même contre une rançon de mille écus d'or.

Richard Cœur-de-Lion fait demander à Saladin des vo-
lailles pour nourrir les Faucons que le roi d'Angleterre avait
apportés avec lui, et l'envoyé du sultan, avec une courtoisie
dont on ne trouverait guère d'exemples dans la guerre moderne, s'empresse de souscrire à ce désir de confrère en vénerie, quoiqu'il fît remarquer, d'un air narquois, qu'après un
si long et pénible voyage, c'était peut-être bien le chef des
croisés, qui, plus que ses oiseaux, avait besoin de bouillon de
poulet.

Pendant les trèves, les adversaires échangeaient mutuel-
lement les plus beaux échantillons de leurs volières de
chasse; on vit même le don de certains Faucons de grand
prix entrer dans les conditions des rançons ou des traités.

Vers la fin du xive siècle, Bajazet, qui battit près de Nico-
polis les chrétiens commandés par Jehan de Nevers, se fit
gloire d'étaler devant ses prisonniers francs les trésors de sa
riche fauconnerie, où l'on comptait sept mille oiseaux de vol.
Lorsqu'il fut question de la rançon de Jehan de Nevers, le
prince turc exigea douze Faucons blancs du Nord, oiseaux
des plus puissants et de la plus grande rareté. Le roi
Charles VI, pour achever d'adoucir le vainqueur, ajouta à ce
lot officiellement stipulé, des Autours admirablement dressés
et des Éperviers hautains de grand prix, le tout accompagné
des gants brodés de perles fines destinés à les porter sur le
poing.

Froissart raconte qu'Édouard d'Angleterre, traversant la
France en grand appareil, avait trente fauconniers à Cheval,
chargés d'oiseaux et soixante couples de Chiens et de Lévriers avec lesquels il allait chaque jour en chasse ainsi qu'il
lui plaisait « *et y avait plusieurs seigneurs et moult riches
hommes qui avaient aussi leurs Chiens et leurs oiseaux* ».

Le comte de Flandres était tenu en prison courtoise par
ses sujets qui voulaient lui faire épouser, contre son gré, une
princesse d'Angleterre. Il y avait déjà à cette époque une
question de traité de commerce dont je ne vous dirai rien. Il
obtint la permission d'aller voler en rivière bien et dûment
accompagné ; mais ce ne fut pas l'oiseau qu'il suivit, mais la
grande route, par laquelle il se rendit à la cour de France où
il fut bien accueilli par Philippe de Valois.

Les ennemis de Marie Stuart, pendant son emprisonne-
ment à Tutberry Castle (1584-85), se souvenaient sans doute

de cette évasion, lorsqu'ils accusèrent son gardien, Sir Ralph Sadleir, grand fauconnier de la reine Élisabeth, d'avoir cherché à favoriser son évasion, un jour qu'il emmena sa captive assister à une chasse au vol un peu loin du château.

L'Histoire d'Angleterre est, comme l'Histoire de France,

Portrait de Robert Cheseman, fauconnier de Henri VIII.

remplie de souvenirs de chasse et de fauconnerie. C'est en suivant un vol à Hitchin, dans le Hertfordshire, que Henri VIII faillit perdre la vie dans un fossé plein de boue qu'il voulut franchir au moyen d'une des perches sur lesquelles on portait les Faucons. La perche se brisa et le roi piqua une tête dans la vase d'où l'un des fauconniers, Edmond Moody, eut assez de mal à l'extraire à temps pour l'empêcher d'être étouffé.

Holbein nous a conservé le portrait d'un des fauconniers de Henri VIII. C'est Robert Cheseman, et je vais vous le faire

voir d'après la toile conservée au musée de La Haye. Voilà
le portrait de Robert Cheseman. Il n'y a pas d'erreur, vous
savez, c'est un Holbein, ce n'est pas un Rembrandt comme
celui qu'on vient de découvrir au Pecq !

(Projection : *Portrait de Robert Cheseman.*)

En Angleterre, c'est sous Jacques Ier, comme en France
sous Louis XIII, que la fauconnerie atteignit son apogée.
Pendant tout le XVIe siècle, elle s'était développée comme
toutes les branches de la vénerie, d'une façon extraordinaire,
et Budé, s'adressant au roi François Ier qui lui avait com-
mandé un traité de vénerie en latin, a pu lui dire sans trop
de flatterie : « Sire, vous avez tellement dressé et poli l'exercice de la vénerie, qu'elle semble être parvenue à sa perfection. »

La chasse avait alors ses poètes, ses historiens, ses clas-
siques, et au nombre était en première ligne le roi
Charles IX.

Tous les grands capitaines qui moururent à la guerre à
cette époque, soit dans les guerres civiles, soit dans les
guerres étrangères, tous les grands capitaines étaient fauconniers. C'était pour eux une manière d'entretenir leur
souffle, de dégourdir leurs membres et de se préparer aux
grands combats lorsque l'heure de reprendre la cuirasse
serait venue.

La chasse seule pouvait en effet à cette époque, pendant
les trêves et les entr'actes de la bataille, donner de la vie et
de l'animation à ces grandes demeures féodales, et on aime à
se les représenter animées par tous ces personnages à costumes pittoresques. C'étaient les valets de Chiens avec leurs
blanches houssines maintenant les meutes hurlantes et
aboyantes, c'étaient les veneurs avec leurs costumes verts ou
rouges ou gris, selon les saisons et selon la chasse, c'étaient
enfin les dames châtelaines sur leurs haquenées de Bretagne
aux riches harnachements de velours, avec leurs chapeaux à
plumes portés « à la Guelfe », comme dit Brantôme, et leurs
bottines rouges faites de cuir damasquiné et leurs cottes
agrafées plus haut que le genou, comme le décrit Ronsard.

Ne trouvez-vous pas qu'il y avait là de quoi faire battre le
cœur de tous ces vaillants hommes d'armes ?

Les manuscrits, qui datent de ces époques primitives sont

des merveilles d'art encore fort appréciées par les amateurs de nos jours. Ils sont illustrés d'une quantité de miniatures qui représentent tous les détails des différents déduits, et ces miniatures sont parfois très amusantes dans leur naïveté et

leur simplicité. Voici, par exemple, des miniatures tirées d'un traité de fauconnerie du xive siècle « le roy Modus ». A gauche, vous voyez un chevalier qui part pour la chasse avec sa dame; au-dessous, des fauconniers exerçant leurs oi-

seaux; plus loin, le roi Modus donne lui-même des leçons de fauconnerie à ses courtisans, et enfin, une noble châtelaine nous montre « *la manière de faire son espervier nouvel voler* ». Dans cette dernière miniature, vous voyez même un Chien, vous voyez même deux Chiens, quoiqu'il y en ait au moins un qui ne ressemble pas beaucoup à un Chien, mais à cette époque-là c'étaient des Chiens.

Je ne veux point vous entretenir longuement de cette littérature cynégétique; il y a cependant un de ces écrivains sur lequel j'appellerai spécialement votre attention, car il fut un homme à plusieurs points de vue remarquable. C'est Charles

d'Arcussia de Capre, seigneur d'Esparron, de Pallières, de Revest et aultres lieux. Ce ne fut pas seulement un fauconnier, mais encore un penseur et un poète. Il était gentilhomme de la Chambre et commença à écrire sous Henri IV,

mais c'est sous son fils et successeur Louis XIII qu'il composa la plus grande partie de son œuvre littéraire et didactique.

Charles d'Arcussia était un seigneur provençal né à Aix, vers 1550, de Gaspard, vicomte d'Esparron, et de Marguerite de Glandevès. Il épousa, en 1573, Marguerite de Forbin-Janson, dont il eut plusieurs enfants dont deux, Melchior et Gaspard, se distinguèrent dans les ordres où ils entrèrent.

Il nous apprend que, dès son enfance, il avait la passion des oiseaux; il en avait de toutes sortes et de toutes les contrées, et de cette façon il acquit une grande expérience dans le maniement de ces êtres subtils et la parfaite connaissance de leur naturel, indispensable, dit-il, pour devenir un bon fauconnier :

« Tout ainsi qu'on ne saurait lire sans la connaissance des lettres, de même on ne peut être fauconnier sans connaître les oiseaux. »

Or l'oiseau est pour d'Arcussia le chef-d'œuvre de la création, la perfection même. Il le chérit et il l'adore et place l'amour de l'oiseau au-dessus de tous les autres amours terrestres. Je dis terrestres parce que d'Arcussia était un esprit fort religieux comme vous allez voir par le ton qui règne dans toute son œuvre.

« On ne doit s'esbahir, dit-il, si notre roy aime tant les oi-
» seaux, les ayant, Sa Majesté comme anges domestiques:
» car si les anges de Dieu chassent les esprits malins, infects
» et puants, comme l'ange Rafaël qui lia le diable Asmodée,
» les oiseaux de Sa Majesté lient, chassent et mettent à bas
» les oiseaux charogniers, hiéroglyphes des démons. Les
» anges ont toujours les ailes à demi-ouvertes au trosne de
» l'Eternel où ils chantent incessamment ses louanges avec
» leur douce mélodie; de même dans la chambre du roi un
» nombre infini d'oiseaux, les uns qui gazouillent toujours,
» les autres sur le poing des fauconniers, qui attendent d'être
» employés et de plaire à leur maître. J'estime que tout ainsi
» que la qualité d'ange est par-dessus celle de l'homme, de
» même la qualité des oiseaux est relevée par-dessus tous les
» autres animaux. »

Ainsi débute le traité de fauconnerie de Charles d'Arcussia, et ce ton semi-mystique est assez curieux, car il indique un changement dans les mœurs. L'influence de la religion se faisait sentir vivement dans tout ce que l'on faisait à cette époque. Tout en pratiquant la fauconnerie, l'auteur ne se fait pas faute d'en tirer des déductions morales, toujours charmantes dans leur naïveté. D'Arcussia n'est pas exclusif dans l'éloge qu'il fait de la chasse; il lui assigne son véritable rang dans les préoccupations humaines et à une époque où l'on se plaît à dire que les seigneurs, les grands, ne s'occupaient exclusivement qu'à courir les bêtes fauves et à faire voler des oiseaux, il est plaisant de voir un des maîtres de l'art, un des passionnés de la volerie, donner en toute circonstance à son déduit favori une portée morale et mettre, par des raisonnements philosophiques, un frein à sa passion :

« La trop fréquente continuation des exercices, dit-il, par
» exemple, quelque vertueux qu'on soit, peut diminuer la
» volonté que nous devons avoir en ce à quoi nous sommes
» les plus obligés. Et combien que la chasse tienne le haut
» bout parmi le rang des honnestes récréations, si faut-il que
» ceux qui en usent soient guidés d'une vraie sagesse qui leur
» en apprenne le temps, le lieu et la convenance. Saint Cas-
» sian récite comme l'apôtre saint Jean rencontra un jour
» un chasseur, lequel lui voyant tenir une perdrix vive sur
» son poing demeura tout ravi de merveille et commença à
» lui dire : Pourquoi saint homme vous amusez-vous à des
» choses si basses, vous qui êtes adonné à la contemplation
» des choses célestes? Saint Jean lui répond : Et pourquoi ne
» portez-vous pas votre arc bandé, puisque vous êtes chas-
» seur? C'est, dit le chasseur, pour ne l'affaiblir, étant trop
» longtemps tendu. — Ne vous esbahissez donc, dit l'apôtre,
» si je me récrée un peu avec cet oiseau, afin que mon esprit
» en soit après plus vigoureux. Or je veux dire que les âmes
» les plus saintes peuvent user de la chasse, non comme
» d'occupation ordinaire, mais d'un moyen pour relever l'es-
» prit abattu d'un trop continuel étude ou de surcharge d'af-
» faires, en sa première vigueur. »

J'ai insisté sur le caractère moral et mystique de la fauconnerie de d'Arcussia parce que cette note spiritualiste y est très remarquable et que nous la retrouvons dans plusieurs auteurs de cette époque et que cette note caractérise le mouvement des esprits et la transformation des mœurs. Si bien qu'après avoir vu la fauconnerie amoureuse avec les trouvères, militaire avec les croisés, nous la trouvons morale et religieuse avec les écrivains cynégétiques du xvie siècle et du commencement du xviie.

La partie didactique de la fauconnerie de d'Arcussia est très complète, très détaillée, très étendue. Les récits qu'il fait des chasses au vol de la cour sont pittoresques et amusants et donnent raison à cet esprit subtil qui s'avisa un jour de trouver qu'avec les lettres formant les mots de Louis treizième roi de France et de Navarre on pouvait composer ceux de *Roy très rare estimé Dieu de la fauconnerie.*

Comme cela arrive toujours, le goût des gentilshommes campagnards pour la fauconnerie n'avait pu que s'accroître à l'exemple du monarque. Tout gentilhomme qui se respecte doit avoir au moins un fauconnier à cheval avec trois ou quatre bons oiseaux et six couples de chiens pour les servir. Un peintre anglais nous a conservé le costume des pages de cette époque. Ceci vous représente un jeune fauconnier de la cour d'Elisabeth.

(Projection : *Fauconnier d'après Taylor.*)

Quand on est allé très haut, aussi haut qu'on peut aller, il n'y a plus qu'à descendre. C'est ce qui est arrivé à la fauconnerie. Louis XIV eut plus de goût pour la vénerie que pour la fauconnerie et réduisit les dépenses de la cour de ce chef. Ce fut le commencement de la décadence que Victor Hugo a bien rappelé dans le drame de Marion Delorme lorsque, mettant en scène Louis XIII « estimé Dieu de la fauconnerie » au moment où son fou l'Angély sollicite auprès de lui la grâce de deux fauconniers qui se sont battus en duel et qui sont condamnés à mort, il place les paroles suivantes dans la bouche de ses personnages.

L'ANGÉLY.

..... Vous tenez pour vertu
Avec raison cet art de dresser les alèthes
A la chasse aux perdrix ; un bon chasseur, vous l'êtes
Fait cas du fauconnier.

LE ROI.

Le fauconnier est Dieu !

L'ANGÉLY.

Eh bien, il en est deux qui vont mourir sous peu.

LE ROI.

A la fois ?

L'ANGÉLY.

Oui !

LE ROI.

Qui donc ?

L'ANGÉLY.

Deux fameux !

LE ROI.

Qui de grâce ?

L'ANGÉLY.

Ces jeunes gens pour qui l'on vous demandait grâce.

LE ROI.

Ce Gaspard ? ce Didier ?

L'ANGÉLY.

Je crois qu'oui, les derniers.

LE ROI.

Quelle calamité, vraiment, deux fauconniers !
Avec cela que l'art se perd ! Ah ! Duel funeste !
Moi mort, cet art aussi s'en va, — comme le reste !
— Pourquoi ce duel ?

L'ANGÉLY.

Mais l'un à l'autre soutenait
Que l'alèthe au grand vol ne vaut pas l'alphanet.

LE ROI.

Il avait tort. — Pourtant le cas n'est pas pendable.....
Mais après tout mon droit de grâce est imperdable ;
Au gré du Cardinal je suis toujours trop doux.....
Richelieu veut leur mort !

L'ANGÉLY.

Sire, que voulez-vous ?

LE ROI.

Ils mourront !

L'ANGÉLY.

C'est cela.

LE ROI.

Pauvre fauconnerie !

Donc Louis XIII mort, la fauconnerie commença à s'en
aller « comme le reste ». Le journal de Dangeau, à la date du
12 avril 1715, porte que Louis XIV alla à la volerie de Versailles avec Mme la duchesse de Berry, Mlle de Charolais et
beaucoup de dames de la cour qui montèrent à cheval au
rendez-vous, puis la chasse terminée, le roi donna congé à la
fauconnerie pour l'année. Ce devait être pour toujours, car il
mourut le 1er septembre suivant.

Les premières chasses de Louis XV, qui n'avait que cinq
ans et demi lorsqu'il monta sur le trône de son bisaïeul,

Fauconnier et Page du Cabinet du Roi
attaché à la Grande Fauconnerie (Louis XV).

furent des chasses au vol, mais il ne prit pas un goût très
vif pour cet exercice. On continua à recevoir à la Cour avec
le cérémonial d'usage les présents de gerfauts que le roi de

Danemark, le duc de Courlande et l'Ordre de Malte envoyaient au roi ; les officiers de la fauconnerie figurèrent avec leurs habits d'uniformes dans les cortèges et les entrées solennelles, et vous avez pu voir l'été dernier, à l'Exposition du Ministère de la Guerre à l'Esplanade des Invalides, un cortège de figurines découpées et fort habilement gouachées par un peintre de l'époque, Lesueur. Cela représentait un retour de Compiègne ; le carrosse royal entouré de mousquetaires était suivi par un groupe d'officiers de la Grande Fauconnerie et de pages du cabinet du roi attachés à ce service.

(Projection : *Officier de la Grande Fauconnerie et page.*)

Mais la fauconnerie passait de mode de plus en plus. Le perfectionnement des armes à feu, le prix toujours croissant des oiseaux de chasse et leur rareté, la difficulté de trouver de bons fauconniers, hâtèrent l'abandon d'un déduit qui avait fait les délices de nos aïeux pendant quatorze siècles.

Louis XV avait supprimé non moins de vingt-trois charges de gentilshommes de la Grande Fauconnerie et en avait réduit le personnel.

Louis XVI n'aimait pas la chasse au vol, et, pendant l'année 1775, il ne chassa qu'une seule fois à l'oiseau. Les fauconniers qui avaient le soin des oiseaux, dont le nombre était de plus en plus réduit, parurent pour la dernière fois avec leurs faucons sur le poing dans la grande procession des États généraux de Versailles, le 4 mai 1789.

Leroy, lieutenant des chasses du roi, nous a conservé, dans l'*Encyclopédie*, l'aspect d'une installation de fauconnerie à cette époque.

(Projection : *Intérieur d'une fauconnerie.*)

Vous voyez ici l'intérieur d'une fauconnerie. Des fauconniers réunis autour d'une table soignent leurs oiseaux, rajustent des plumes neuves à la place de celles qui sont cassées, fabriquent ou réparent leurs accessoires.

(Projection : *Extérieur d'une fauconnerie.*)

Maintenant voici l'installation extérieure de la même fauconnerie. Vous remarquerez à droite et à gauche les hangars sous lesquels on abrite les faucons attachés sur *la perche* et les pelouses où on les met à l'air pour « jardiner » comme on disait, attachés sur des *blocs*, ou petits tertres de gazon.

PL IX.

Vues intérieure et extérieure d'une fauconnerie.

Enfin la Révolution éclate et la fauconnerie sombre dans la tourmente aussi bien en France que sur le continent Européen. Puis viennent les grandes guerres de l'Empire et le changement de mœurs profond que la révolution, dans ses phases successives, imprime à toute l'organisation sociale. On oublie faucons et vautours; l'aigle seul, déchaperonné par une main puissante, prend son essor sur ces ruines, et montant au-dessus des nuages, va se perdre dans l'arc-en-ciel tricolore qui annonçait au vieux monde sa régénération.

Un pays cependant échappa à la tourmente, grâce à sa position insulaire, grâce surtout au goût de ses habitants pour la vie des champs et pour les sports de tout genre. Les traditions de la fauconnerie s'étaient surtout conservées en Ecosse où il y eut toujours des fauconniers autochtones fort experts à manier les faucons niais, c'est-à-dire dénichés dans leurs aires, le faucon se reproduisant abondamment dans les hautes montagnes, les falaises de rochers du nord de la Grande-Bretagne. Cette école de fauconnerie différait un peu de l'école du continent, où l'on se servait beaucoup plus d'oiseaux pris adultes et sauvages que l'on nomme hagards ou passagers.

(Projection : *Fauconniers anglais de la fin du XVIII° siècle*).

Voici d'après un tableau de Ansdell le costume des fauconniers de cette époque.

Les troubles du continent ayant chassé en Angleterre un certain nombre de fauconniers étrangers qui ne trouvaient plus en Europe l'emploi de leurs talents, il y eut au commencement du siècle comme une renaissance de la volerie languissante, là-bas comme chez nous, par suite du perfectionnement des armes à feu et de la transformation des modes de chasse.

Parmi ces fauconniers, presque tous Hollandais, que nous voyons à cette époque paraître en Angleterre, je vous citerai le dernier fauconnier de Louis XVI, François Van den Heuvel, que nous trouvons de 1793 à 1799, chez le colonel Thornton.

Le colonel Thornton, un des types les plus intéressants que j'aie rencontré dans mes recherches sur les anciens fauconniers, était d'une vieille famille whig du Yorkshire. Son grand-père avait combattu pour les privilèges et les droits du citoyen anglais dans la révolution de 1688. Son père s'était signalé aux batailles de Falkirk et de Culloden en 1746, si bien que les rebelles, comme on appelait l'armée de Stuart, avaient mis à prix sa tête pour 25,000 francs qu'ils ne touchèrent jamais, car le père de Thornton ne mourut que de sa mort naturelle en 1771. Son fils, qui n'avait alors que deux ans, fut élevé par un oncle et se lança vers dix-neuf ans dans

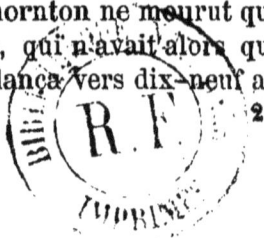

la société élégante de Londres, dans une sorte de club que l'on appelait « le Savoir-vivre » et qui comptait parmi ses membres les personnalités les plus éminentes du high–life anglais : lord Lyttleton, Sheridan, le prince de Galles, Fox, etc. Il y mena cette vie à grandes guides qui caractérisait la jeunesse dorée de cette époque, et vers 1780, un peu fatigué sans doute de cette existence excentrique et orageuse, il se retira dans sa terre de Thornville-Royal, où il réunit autour lui les amateurs de fauconnerie qui étaient déjà clair-semés dans le royaume. Là, son temps se partage entre tous les plaisirs de la chasse ; il est maître d'un équipage de fox-hounds ; patronne les courses où il monte en personne avec une audace endiablée ; élève des chiens d'arrêt et des lévriers qui se signalent partout par leurs prouesses ; va d'un bout à l'autre du royaume ; fait dix-sept voyages avec des équipages de chasse, des maisons mobiles qu'il transporte sur les bruyères, se livre à des pêches dangereuses où il manque parfois de perdre la vie, fait fabriquer exprès pour lui des armes à feu sur des perfectionnements qu'il indique, en un mot brûle les sports par tous les bouts.

A ce train-là, il est probable qu'il ne brûla pas que les sports! Sa fortune subit quelques atteintes; des difficultés politiques (vous savez qu'il était d'une famille un peu révolutionnaire) compliquèrent ses difficultés financières; il fut blessé dans son amour-propre et ses ambitions; le séjour de l'Angleterre lui était devenu pénible, et il résolut d'aller chercher sur le continent un emploi à son activité et à ses talents.

On était alors à l'époque de la paix d'Amiens. Voici que débarqua un beau jour, dans le port de Dieppe, un équipage étrange, sorte de maison roulante divisée en compartiments qui renfermait dans ses flancs une meute, un équipage de fauconnerie, une salle d'armes, un dessinateur..... et même une jolie femme. La baleine de Jonas en eût crevé de dépit!

C'est dans cet appareil que le colonel Thornton se mit à parcourir la France. Pendant l'émigration et les premières guerres de la République, le colonel Thornton et sa famille avaient pu rendre en Angleterre de nombreux services à des Français émigrés ou prisonniers de guerre. Il trouva donc des amis tout le long de sa route et fut invité à chasser chez beaucoup de propriétaires qui lui firent le meilleur accueil.

Le colonel Thornton (1757-1823).

'Messieurs, lorsqu'on découple à la billebaude, c'est-à-dire au hasard, on risque parfois de mettre sur pied un tout autre animal que celui que l'on voulait chasser. C'est ce qui m'est arrivé avec le colonel Thornton. C'est le fauconnier et le sportsman que je poursuivais, et je me suis trouvé en face d'un fait historique qui jette un jour assez curieux sur les préludes de la lutte homérique que l'Empire entreprit contre l'Angleterre. Comme le chasseur se repose parfois à l'ombre d'un arbre, vous me permettrez de quitter un instant mon sujet et de vous dire quelques mots de cet incident.

Lorsque le colonel arriva à Paris, son premier soin fut d'obtenir une audience du premier Consul qui était déjà l'objet de la curiosité et de l'intérêt général. Madame de Staël, de sa plume venimeuse, n'a pu s'empêcher de le constater elle-même, et dans ses *Dix années d'Exil*, elle avoue qu' « *une nation éminemment fière, les Anglais, n'était pas tout à fait exempte à cette époque d'une curiosité pour la personne du premier Consul qui tenait de l'hommage* ». Cela est vrai, positivement vrai. Beaucoup d'Anglais admiraient à cette époque le premier Consul et étaient même assez partisans de la Révolution française. Il ne s'en fallait même pas de beaucoup alors que la haine séculaire et légendaire de l'Angleterre contre la France ne fût entièrement effacée, et l'on ne songeait pas du tout à reprendre en chœur ce vieux refrain que vous connaissez tous :

> Buvons un coup, buvons-en deux,
> A la santé des amoureux.
> A la santé du roi de France,
> Et mort à celui d'Angleterre,
> Qui nous a déclaré la guerre !

Ce fut l'irréconciliabilité du gouvernement anglais, la duplicité et la mauvaise foi du ministère britannique qui provoquèrent la rupture et, soufflant sur la braise, allumèrent un incendie qui devait avoir des conséquences si fatales.

Le colonel Thornton ne venait pas seulement en France pour y faire un voyage de touriste et de sportsman; il avait l'intention de s'y fixer. Or, ce projet rentrait tout à fait dans les vues du premier Consul qui, navré de l'état d'abandon dans lequel restaient les biens nationaux à la suite de la Révolution et de l'expropriation de leurs propriétaires sécu-

aires, voulait attirer en France les capitaux étrangers pour
mettre ces biens en culture et en valeur et déstériliser une
partie considérable du patrimoine national. Le colonel
Thornton pouvait donc s'attendre à être bien accueilli aux
Tuileries, puisque ses vues concordaient si complètement
avec celles de Bonaparte. Eh! bien, une fois à Paris, il eut
toutes les peines du monde à l'approcher à cause du mauvais
vouloir des agents de l'ambassade britannique qui avait établi
un véritable cordon sanitaire entre les Anglais alors à Paris
et la personne du premier Consul. Le colonel finit cependant
par triompher de tous les obstacles, entra en relations avec
Bonaparte et obtint toutes les autorisations nécessaires pour
parcourir la France avec ses équipages de chasse, visiter les
domaines disponibles, en étudier les ressources en vue d'un
établissement définitif. C'est le récit de ce voyage qu'il exé-
cuta dans ces conditions singulières, qui fait l'objet d'un des
récits les plus pittoresques et les plus amusants que j'aie lus
sur cette époque si intéressante.

C'est sur ces entrefaites que la paix est remise en question
par la mauvaise foi du gouvernement anglais et de ses pléni-
potentiaires dans la question de Malte, et le 11 mars 1803,
dans une réception publique, Bonaparte adressait à haute
voix à lord Withworth ces paroles de rupture : « Si vous
voulez la paix, il faut respecter les traités; malheur à qui ne
respecte pas les traités. » Le gouvernement anglais ne res-
pectait rien du tout. Le colonel Thornton, subitement arrêté
dans l'exécution de son projet, dut retourner en Angleterre,
mais il avait conservé de son voyage en France un tel sou-
venir, qu'après la chute de l'Empire, il revint dans notre pays
pour y finir ses jours. Mais ses ressources avaient subi depuis
lors de rudes atteintes, et il n'avait plus cet enthousiasme
pour les grandes choses qu'il avait rêvées la première fois. Il
n'est plus question de ses plans industriels, de ses projets
d'agriculture perfectionnée; c'est un viveur fatigué qui nous
revient, un sportsman toujours vert pour monter à cheval et
pour boire, mais dont l'horizon est borné par l'âge. Il se con-
tenta de louer le château de Chambord où l'on montrait encore, il y a quelques années, le chêne auquel il pendait les
chiens qui tournaient mal, les faucons qui ne volaient pas
bien; il y achève une ruine déjà commencée, et ses termes
de loyer ne sont pas payés. Il achète cependant encore le

M. Fleming (de Barochan) et son équipage, d'après le tableau de Howe (1811).

John Anderson, fauconnier de l'équipage de Barochan,
en costume d'apparat au couronnement de Georges IV (19 juillet 1821).

domaine de Pont-le-Roi et tient une grande place dans le monde sportique et bruyant de la capitale. En 1823, un cheval de course, portant son nom, paraît au Champ-de-Mars, mais au mois de mars de la même année, le colonel mourut à Paris emportant dans la tombe tout l'espoir d'une renaissance de la fauconnerie qu'il aurait peut-être provoquée chez nous, si les circonstances lui avaient permis de se fixer en France en 1802, lors de son premier voyage.

(Projection : *Portrait du colonel Thornton.*)

Voilà le portrait du colonel Thornton, portant sur le poing son faucon favori qu'il appelait « Sans-Quartier ». Ce portrait appartient à lord Rosebery.

Un des exemples les plus remarquables d'une longue suite de fauconniers dans la même famille, est celui de la famille Fleming, dans le Renfrewshire.

Jacques IV d'Écosse avait donné un chaperon orné de pierres précieuses à un membre de cette famille, dont le tiercelet avait battu un des faucons du roi.

Voici le portrait du Fleming, châtelain de Barochan Towers, peint vers 1811, par Howe. Il est entouré de tout son équipage, de ses fauconniers, de ses oiseaux et de ses chiens. Tous les fauconniers des Fleming furent Écossais. Dans ce tableau nous voyons le portrait très ressemblant du fauconnier en chef, le fameux Anderson ; puis à droite, son aide George Harvey. Il dut à sa renommée d'être choisi par le duc d'Athol pour avoir l'honneur de présenter au roi Georges IV, lors de son couronnement, les deux faucons dont les ducs d'Athol étaient redevables à la couronne, à chaque changement de souverain. C'est ainsi que John Anderson parut à la cour le 19 juillet 1821, revêtu d'un costume assez singulier pour l'époque, la livrée d'apparat que les ducs d'Athol avaient conservée depuis le roi Jacques.

(Projection : *Anderson en costume de cour.*)

Voici le portrait d'Anderson, en costume de cour. Je pense qu'il est inutile d'appeler votre attention sur sa casquette qui tient à la fois de la tour de Babel et du gâteau de Savoie. Ce n'est pas de la neige qu'il y a sur ce mont Blanc. Ce sont des plumes.

Les fauconniers hollandais, qui avaient pris du service en Angleterre, allaient tous les ans chez eux se remonter en faucons de passage dont ils avaient introduit le maniement dans la Grande-Bretagne. On avait, en effet, continué à piéger les faucons de passage sur les vastes landes du Brabant, qu'ils traversent à l'automne en descendant vers le midi, au printemps en remontant vers le nord. Un de ces Hollandais, Jean Daams, faisait, en 1808, pour la seizième fois, ce voyage avec ses aides Daankers et Peels, lorsqu'à son passage à La Haye, le roi Louis fut averti de sa présence et l'engagea à rester en Hollande pour remonter au château du Loo la fauconnerie royale abandonnée depuis le départ du staathouder Guillaume V en 1795. Peels retourna seul en Angleterre, et la fauconnerie refleurit en Hollande, au château du Loo, dans le parc duquel se trouvait une importante héronnière. On appelle ainsi un bois où les hérons se réunissent pour nicher, comme les corbeaux, au sommet des arbres. En 1810, lors de l'annexion du royaume de Hollande à l'empire français, Napoléon fit venir un instant Daams et Daankers à Versailles ; il n'assista que trois fois au vol de l'équipage ; la pensée du souverain était ailleurs, comme bien on pense, et on cite même de lui une distraction funeste lorsque, chassant un jour à tir près de l'endroit où ses fauconniers exerçaient leurs oiseaux, il abattit d'un coup de fusil un faucon qui vint à passer à portée de son arme et dont il n'avait sans doute pas entendu les sonnettes. Cette fois encore, cette reprise de la fauconnerie sur le continent ne fut qu'un feu de paille.

Cependant en Angleterre, les fauconniers hollandais continuaient à exercer leur art et, en 1838, un des fauconniers du Club de Didlington vint en France chez le baron d'Offémont, dans les environs de Compiègne, pour voler la corneille et la perdrix, mais dans la même année, le baron d'Offémont et l'honorable Wortley Stuart se réunirent au duc de Leeds et à M. Newcome pour fonder au Loo même un club de fauconnerie. En 1840, ce club était monté sur un grand pied sous la présidence du baron Tindall ; le roi avait mis à la disposition des membres un petit pavillon situé dans le parc du château et une installation où étaient également logés les hommes et les oiseaux. On eut de vingt à quarante faucons, et le nombre des prises était, chaque année, de deux à trois cents hérons. Le club du Loo eut une existence brillante ; chaque année, les sportsmen les plus fameux de la France et de l'Angleterre s'y réunissaient pour jouir de leur sport favori. On organisa au Loo des courses de chevaux dont la mode se répandait sur le continent, et on menait brillante et joyeuse vie dans le pavillon royal. Vie peut-être trop brillante et trop joyeuse, car on y jouait beaucoup, on y faisait des dépenses excessives qui finirent par scandaliser la cour de ce pays économe et qui, en 1852, décidèrent le roi à supprimer ces réunions annuelles. Le club du Loo avait vécu.

Il restera cependant de cette association célèbre un monument impérissable, monument de science aussi bien que de sport ; c'est le *Traité de fauconnerie* du professeur Schlegel, de Leyde. Ce savant naturaliste et son collaborateur Verster de Wulverhorst suivaient assidûment les chasses ; il étudia là sur le vif les oiseaux de proie, et de cette étude résulta le traité en question, magnifique in-folio, où toutes les espèces de faucon sont représentées en grandeur naturelle et coloriées. Nous allons en extraire deux planches, pour vous faire voir les péripéties d'un vol de héron sur les bruyères du Loo.

(Projection : *Le vol du Héron.*)

Dans ce tableau le fauconnier qui monte à cheval est le fameux Mollen, qui vit encore à Valkenswaard où il piège les faucons de passage. Celui qui rattache un faucon à droite est Bekkers, dans le milieu le prince Alexandre des Pays-Bas.

Dans ce second tableau, vous voyez la prise d'un héron. Au milieu le roi Guillaume, puis le duc de Noailles, lord Seymour, etc. Le jeune homme qui indique du doigt la façon de reprendre un faucon, est M. Newcome.

Messieurs, cette rapide histoire de la grandeur et de la décadence de la fauconnerie est l'histoire des progrès de ma passion pour cet art. Comme Don Quichotte s'amouracha de la chevalerie en lisant les œuvres de Félician de Sylva, de même c'est en feuilletant les vieux livres que je me suis enthousiasmé pour l'art de dresser les oiseaux de chasse, mais ce n'est ni Palmerin d'Olive ni Amadis des Gaules qui m'ont fait rêver ; c'est le gerfaut blanc « la Perle »

(Projection : La prise du Héron.)

avec lequel Henri IV volait le héron dans la plaine Saint-Denis; ce sont ces faucons du maréchal de Montmorency que Claude Gauchet, l'aumônier de Charles IX et de Henri III, a immortalisés dans son poème fameux des *Plaisirs des champs*.

Puissiez-vous ne pas dire de moi comme Cervantès de son héros : *notre hidalgo s'est acharné tellement à sa lecture qu'il s'est desséché le cerveau de manière à en perdre le jugement !*

Mais je dois dire que si j'ai conservé un peu ma tête, c'est que j'avais un contrepoison qui manquait à Don Quichotte. C'était le journal quotidien, car je lisais le journal quotidien en même temps que les vieux livres. Eh bien, c'est un excellent contrepoison contre les romans de chevalerie que le journal quotidien ! On y trouve d'abord les discussions politiques de nos sommités parlementaires, qui ne rappellent pas du tout les cours d'amours ; il y a les hauts faits des gentilshommes à casquette de nos faubourgs qui n'ont absolument rien de chevaleresque ; il y a les petites correspondances et les petites affiches qui elles, par exemple, vous font parfois rêver. Cette rubrique des petites correspondances est particulièrement intéressante dans les journaux anglais.

Dans le *Times*, elle occupe la seconde colonne du journal et elle est populairement connue sous le nom de *colonne des Agonisants* à cause du nombre d'appels désespérés qui s'y font entendre. *Colombe blessée* écrit à *Cicogne* qu'elle meurt si *Cicogne* ne revient pas la protéger contre ses ennemis. Ce n'est que quatre mois plus tard que Cicogne répond qu'il ou elle ne revient pas. Puis ce sont des *cœurs brisés*, des *parents au désespoir*, des *amis inquiets* qui réclament des nouvelles, qui assurent que tout est arrangé, que tout est oublié, que l'on apprendra dans tel ou tel endroit quelque chose qui intéresse, que le vieux toit paternel est en proie à la misère, que l'enfant est mort... que les serments d'antan sont oubliés ! Elle est navrante cette colonne des agonisants d'où s'élèvent des pleurs, des gémissements et des larmes comme des flots de ces fleuves de l'Enfer que cotoyaient Virgile et le Dante, et autrement vraie et palpitante que les romans réalistes de l'école moderne qui ont la prétention de peindre l'humanité et qui confondent les ulcères avec les blessures et le sang avec la suppuration.

Donc je lis souvent les journaux en guise de contrepoison, et c'est dans l'un d'eux que je découvris en 1865 une annonce qui ne manqua pas de piquer ma curiosité: « Un fauconnier très expert dans son art et possédant une dizaine d'oiseaux dressés demandait une place de sa spécialité chez un particulier ou dans un établissement public. »

Ah ! m'écriai-je, voilà mon affaire !

J'écrivis en Angleterre d'où j'avais reçu le journal en question et j'appris que ce fauconnier à la recherche d'une place, était, en effet, un des meilleurs fauconniers de l'Angleterre, l'Écossais John Barr. Il avait été jusqu'alors au service d'un prince Indien, interné en Angleterre, l'ex-Maharajah du Punjab: Dhuleep Singh, lequel, sur le point d'entreprendre un voyage en Égypte, démontait son équipage, et avait donné une dizaine d'oiseaux à John Barr, pour lui permettre de se replacer.

Je vous laisse à penser si je fis des efforts pour lui trouver une place en France. Malgré mes velléités de reconstitution historique, je ne pouvais nourrir, même un instant, l'idée de faire de la fauconnerie dans la petite propriété aux environs de Paris, où, pendant la belle saison, je vais manger au frais le melon que j'apporte des Halles centrales, et où le plus gros gibier que j'aie sous mes tonnelles, c'est des hannetons.

Mon ami, le comte Le Couteulx de Canteleu, le célèbre veneur qui vient de publier un si remarquable *Manuel de vénerie moderne*, me vint en aide et nous allâmes solliciter l'appui des Mécènes du sport et des grands propriétaires que cette résurrection intéressante pouvait tenter. On nous prit pour des chevaliers de la Table-Ronde, évoqués par l'enchanteur Merlin. Enfin, M. Georges de Grandmaison se laissa séduire et fit venir John Barr et ses oiseaux au château des Souches, en Sologne. L'équipage, pendant son passage à Paris, reçut l'hospitalité du Jardin d'Acclimatation, cet établissement modèle dont je ne ferai pas l'éloge ici, de crainte de faire rougir les cygnes qui neigent sur ses pièces d'eau. Vous savez d'ailleurs comme cet établissement est ouvert à toutes les idées nouvelles, à tous les perfectionnements. Nous lui devons l'introduction en France des expositions de

Chiens, et tous ces oiseaux curieux qui, vendus d'abord
3,000 francs la paire, sont aujourd'hui à la portée de toutes
les casseroles. Le jardin a ouvert la voie aux exhibitions
ethnographiques qui ont atteint, l'an passé, tout leur développement à l'esplanade des Invalides, et si quelques-unes
de nos jolies parisiennes ont été... scalpées l'an passé par les
Peaux-Rouges de Buffalo-Bill, c'est bien au Jardin d'Acclimatation qu'elles peuvent en faire remonter la responsabilité.
Eh bien ! le Jardin d'Acclimatation offrit très gracieusement
l'hospitalité à notre équipage, et pendant qu'il y séjourna,
nous fîmes quelques vols aux environs, à Fontainebleau, des
vols qui ne relevaient pas de la Préfecture de police, non, de
vrais vols d'oiseaux.

John Barr et ses oiseaux ne devaient faire qu'un court
séjour aux Souches, le château de M. de Grandmaison, le
temps d'organiser un Hawking club sur le modèle des clubs
anglais. Nous continuâmes nos visites et notre propagande,
et parmi les personnes que nous allâmes voir, fut le baron
d'Offémont, l'ancien membre du club du Loo. « Je suis, nous
dit-il, le dernier fauconnier de France. — Pardon M. le baron,
répliquai-je, vous n'êtes que l'avant-dernier, car j'ai l'intention de suivre vos traces. » Je crois qu'il fut un peu vexé de
cette prétention ambitieuse de ma part, cependant il m'en-
couragea à poursuivre ma tentative, sans toutefois me pro-
mettre autre chose que sa sympathie. Enfin, grâce à M. le
comte Alfred Werlé, de Reims, qui consacre à toutes les
choses d'art une si belle part de sa fortune, mon projet finit
par prendre un corps. M. le comte Werlé était le gendre du
duc de Montebello. Il obtint l'autorisation d'installer la fauconnerie au camp de Châlons dont les vastes plaines sont admirablement disposées pour suivre de beaux vols et où, si le
gibier est rare, il y a cependant assez de corbeaux, de pies
et d'outardes pour faire les plus beaux vols du monde, les
véritables vols de sport. MM. le baron d'Aubilly, le comte de
Champeaux-Verneuil, le comte de Montebello, M. Julio
Alfonso de Aldama vinrent se grouper autour de nous et
formèrent les premières recrues de l'Équipage de fauconnerie de Champagne. L'Équipage fit ses débuts pendant la
saison de 1866. Il comptait à son rang une vingtaine d'oiseaux, la plupart des faucons pèlerins, sous la direction de
deux hommes : John Barr, le fauconnier en chef, et un

nommé Philippe qui n'avait jusqu'alors donné l'essor qu'aux bouchons du champagne qu'il était chargé de mettre en bouteille dans les fameuses caves de M. le comte Werlé. Cette année-là, le camp de Châlons était occupé par la garde impériale. Aussi les vols de l'Équipage furent-ils particulièrement brillants. Les officiers en grand nombre venaient à cheval au rendez-vous où des breacks attelés à quatre chevaux amenaient toutes les élégantes châtelaines des environs. Nous avions quelquefois deux ou trois cents personnes au rendez-vous, et nous volions entre autres la petite Outarde, ce qui ne lui était pas arrivé depuis longtemps, à la petite Outarde ! Et pour cela nous avions un très joli costume vert et rouge avec une plume noire sur un feutre gris. Je vais vous faire voir notre très joli costume.

(Projection : *Un fauconnier de Champagne, par S. Arcos.*)

Hélas ! Messieurs, d'autres oiseaux de proie d'un nouveau genre vinrent s'abattre sur nos campagnes. La guerre éclata, il fallut renoncer à notre sport pacifique. John Barr repassa en Angleterre où il est mort, mais ses leçons avaient fait des élèves, et notre exemple avait provoqué des imitateurs qui aujourd'hui ont repris la suite de nos affaires et se préparent à ajouter un nouveau chapitre à l'histoire de la fauconnerie. M. le baron d'Offémont ne sera plus le dernier fauconnier de France ! Ni moi non plus, j'espère !

Maintenant, Messieurs, je veux vous dire quelques mots de l'éducation du Faucon et de son dressage que nous appelons l'*affaitage*.

L'éducation du Faucon demande du soin et de la patience, de la douceur et du jugement, mais elle est loin d'être aussi difficile qu'on se l'imagine. C'est un apprivoisement au bout du compte, une sorte d'association entre l'oiseau et son fauconnier. Charlet, le spirituel dessinateur, a représenté dans une de ses amusantes lithographies deux gamins se rendant à l'école ; l'un a son petit panier bourré de tartines, et la légende porte que celui qui n'a rien que ses cahiers sous le bras dit à l'autre :

« Donne-moi de quoi qu't'as et j'te donnerai de quoi qu'j'aurai. »

Eh bien, voilà la fauconnerie. Ce n'est pas autre chose que d'apprendre à l'oiseau à mettre ses instincts à notre service.

Aristote rapporte que les oiseleurs thraces des environs d'Amphipolis avaient fait association avec les Éperviers. Ces hommes battaient les roseaux, les buissons, faisaient lever et partir les petits oiseaux, et les Éperviers les guettaient en l'air, leur faisaient peur et forçaient les oiseaux à se jeter dans les filets des chasseurs. C'est ce que j'appellerai de la fauconnerie libre. Les fauconniers n'ont pas attendu le XIXᵉ siècle pour la rendre obligatoire.

Il s'agit d'abord de se procurer un Faucon. C'est exactement comme pour le civet de Lièvre ; il faut d'abord avoir un Lièvre. Pour faire de la fauconnerie, il faut un Faucon. Les Faucons se prennent jeunes dans le nid, c'est ce qu'on appelle des Faucons « niais », parce qu'ils ne sont pas encore très forts, ou bien ils se prennent adultes à l'état sauvage et on les nomme « hagards ». Les Faucons nichent dans les rochers, sur les entablements de hautes falaises ; on descend un homme avec une corde fixée autour des reins et il rapporte les petits dans un panier attaché à sa ceinture. Une fois qu'on les a dénichés, on met ces jeunes Faucons dans une remise, une pièce bien aérée, bien éclairée, on les nourrit à la main et l'apprivoisement s'effectue naturellement. Quand ils sont bien développés, on les *arme*. Ce qu'on appelle armer, c'est leur mettre aux pattes (on dit *mains* pour les Faucons) de petites lanières de cuir pour les attacher, c'est les habituer à porter le chaperon, c'est les munir d'un grelot. Le grelot sert à les reconnaître quand ils volent, à les retrouver quand ils sont perdus, à ne pas faire comme Napoléon qui a tiré sur son Faucon. Quand on entend « drelin, drelin » c'est comme si on vous criait : « Ne tirez pas ! » Le chaperon, lui, sert à les faire tenir tranquilles. Il ne faut pas que le Faucon s'agite, il a besoin de toutes ses plumes pour exercer son métier, il ne faut pas qu'il en casse. Lorsqu'il a la tête recouverte du chaperon, il reste immobile sur son perchoir ou sur le poing qui le porte. Et puis cela le fait peut-être

réfléchir aux leçons qu'on lui donne ; c'est comme le capu-
chon du moine sous lequel le moine se recueille et s'isole des
distractions du monde extérieur.

Les Anglais n'enferment pas d'abord les jeunes Faucons.
Ils les laissent voler en liberté comme des Pigeons autour de
la demeure où on les élève. On leur donne à manger une fois
par jour, à la même heure, et on les rappelle au moyen d'un
sifflet. C'est la cloche du dîner à laquelle ils sont aussi sen-
sibles, croyez-le bien, que leurs maîtres. S'ils avaient la prétention de se nourrir tout seuls, de chasser pour leur propre
compte, on leur mettrait aux « mains » des grelots très
lourds qui les empêcheraient d'atteindre les oiseaux qu'ils
voudraient poursuivre. Élevés ainsi en liberté, les Faucons
se développent bien, et on les reprend aisément lorsque l'on
veut commencer le dressage.

Pour prendre les Faucons adultes et sauvages, on se sert
de plusieurs sortes de pièges dont la première condition, cela
va sans dire, doit être de capturer le Faucon sans le blesser
et sans endommager ses plumes. Le moyen le plus ingénieux
est celui employé par les Hollandais de temps immémorial
sur les bruyères du Brabant et que se sont transmis de père
en fils une longue série de fauconniers. Ils ont même fondé
un village qui, à un certain temps, était presqu'exclusivement habité par des fauconniers et qui doit à l'industrie du
piégeage qui le fit vivre le nom qu'il porte encore aujour-
d'hui de Valkenswaard, « le village des Faucons ».

Si vous jetez les yeux sur une carte de l'Europe où les
chaînes de montagnes soient indiquées en relief, vous remarquerez une longe bande de plaines ou de dépressions qui
s'étend du nord au midi. On suit ainsi les bords de la Bal-
tique, les côtes de Suède et de Russie, on traverse le Danemark, le Hanovre, la Belgique, le plateau du Vexin, la Tou-
raine, les Landes pour finir en Espagne. Eh bien, dans ce long
corridor, il se produit deux fois par an, au printemps et à
l'automne, un va et vient, une oscillation ou fluctuation mi-
gratoire des oiseaux qui, ayant niché dans le nord, descendent vers le midi pour y chercher des climats plus doux,
ou remontent vers les contrées sauvages qui les ont vus naître
pour s'y multiplier à leur tour. C'est ce long corridor que
descendent et remontent annuellement les Faucons, et la con-
figuration du sol qui se resserre les accumule d'une façon

toute spéciale à une certaine époque dans le Brabant. Les fauconniers hollandais les y attendent pour les détrousser au passage comme jadis les condottieri du moyen âge dans leurs castels fortifiés, qui dominaient les défilés et les grandes routes, attendaient les voyageurs de commerce pour prélever sur eux un péage.

Voici le plan de l'attirail hollandais pour le piégeage.

(Projection : *Plan de la hutte hollandaise, d'après Harting.*)

Seulement le castel fortifié des fauconniers hollandais n'est qu'une simple hutte enfoncée en terre et recouverte d'un dôme de mottes de bruyères, de branchage ou de gazon (A).

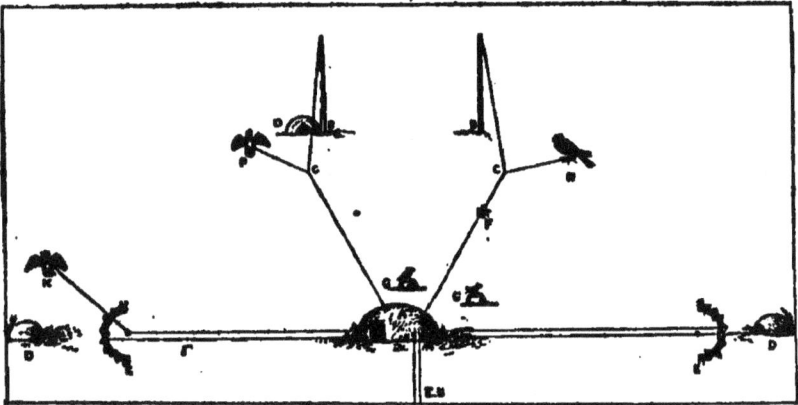

Extérieurement cela à l'air d'une taupinière, d'une forte taupinière. A l'intérieur, où l'on descend par un passage en pente et recouvert, des bancs de bois ou des tabourets plus ou moins boiteux, un râtelier pour la pipe et une petite table ou une étagère pour les verres et l'inévitable bouteille de Skiddam, la compagne indispensable du veilleur solitaire qui doit y passer ses journées. Sur la façade de cette hutte, une fenêtre un peu basse et longue, presque au raz du sol permettant de surveiller la campagne, puis quelques chattières ou œils-de-bœuf facilitant les moyens d'observation et par où passent les cordes et filières avec lesquelles on agit sur l'attirail disposé à une trentaine de mètres en avant de la fenêtre. Cet attirail se compose de deux poteaux de 5 mètres de haut (B), du sommet desquels partent des filières (C) qui aboutissent à la hutte (A) et qui, lorsqu'on tire dessus, font

onter en l'air l'une un Pigeon vivant, que j'appellerai *Pi-
on d'appel* (P), l'autre un vieux Faucon hors d'usage (H) ou
un balai de plumes noires à l'aspect féroce, parce qu'il doit
uer le rôle d'un Faucon comme vous allez voir (F). A
oite et à gauche sont de petits abris en mottes de gazon (D)
u sont enfermés d'autres Pigeons que je désignerai sous le
om de *Pigeons de leurre* et que l'on peut tirer dehors au
oyen de filières et faire passer dans la circonférence de
ets circulaires soigneusement repliés et dissimulés, mais
rêts à se détendre et à se rabattre (E). L'installation ainsi
sposée, on se met dans la hutte et l'on attend le Faucon.
ais le Faucon ne veut pas du tout venir se faire prendre ; il
y a jamais songé, et il passe souvent le matin, très loin,
ès haut et si haut même que les fauconniers ne pour-
ient pas le voir. Comment faire ? Eh bien ! le fauconnier
est fait aider par des oiseaux. Ces oiseaux sont des Pies-
rièches.

Les Pies-grièches ont l'œil encore plus perçant que le fau-
onnier. On en attache deux à droite et à gauche de la hutte
ur de petits tertres artificiels qui forment observatoire (G).
ien ne passe en l'air sans éveiller leur attention, et vous
pprenez vite à estimer d'après leurs attitudes la nature de
oiseau qui excite leur méfiance. Si c'est un vrai Faucon que
a Pie-grièche a découvert, son agitation est de plus en plus
ntense à mesure que l'ennemi se rapproche. Elle cesse de
anger, elle bat des ailes et pousse de petits cris. Nous
oilà donc assurés qu'il passe un Faucon quelque part ; nous
e savons pas où, nous ne le voyons pas, mais nous en
ommes sûrs. Il faut attirer ce Faucon. Alors on agit sur les
lières des poteaux ; on fait voler le Pigeon d'appel, on fait
oler le Faucon ou le plumeau terrible de façon à simuler un
ombat. L'oiseau passager a aperçu la manœuvre ; il y a là
n camarade qui chasse ; il y a donc quelque chose à manger.

Si nous allions voir, » se dit-il, et il suspend son voyage et
e rapproche. C'est bien cela, il ne s'est pas trompé ; il y a
u Pigeon dans l'air. Dix minutes d'arrêt, buffet ! Et il se
approche toujours davantage. Le voilà presqu'à portée.
'agitation de la Pie-grièche est intense ; elle pousse des cris
e terreur et se précipite au fond d'un petit réduit qu'on lui a
énagé et où elle se cache. Alors vous laissez retomber les fi-
ères des poteaux ; le Pigeon d'appel (P), pas plus rassuré que

la Pie-grièche, s'empresse de se mettre à l'abri et vous faites sortir le Pigeon de leurre (K). Avec la rapidité de l'éclair, le Faucon passager a fondu sur lui et l'a lié ; ils tombent à terre et alors tirant doucement sur votre Pigeon, vous l'entraînez lui et le Faucon qui le tient et qui ne veut pas le lâcher, dans l'aire de développement du filet circulaire que vous fermez et rabattez sur les deux oiseaux. Le Faucon est pris.

Messieurs, voilà la Pie-grièche sur son petit observatoire à la porte de son *buen retiro*. Pour la protéger contre une sur-

(Projection : *La Pie-grièche sur son observatoire.*)

prise du Faucon, on a soin de l'abriter en outre par des cerceaux à droite et à gauche, ce sont les chevaux de frise de son petit castel.

Messieurs, la Pie-grièche que vous venez de voir en peinture, la voici maintenant en nature. C'est un assez joli oiseau comme vous voyez, blanc, noir et gris perle. Vous le trouveriez peut-être encore plus joli, s'il y avait dessous un élégant chapeau et sous le chapeau une jolie femme.

C'est à son habileté à dresser des Pies-grièches (auxquelles on peut aussi faire prendre de petits oiseaux), qu'un des an-

cêtres de la famille de Luynes dut ses premières faveurs à la
cour de Louis XIII. Lorsque d'Albert, duc de Luynes, né
en 1578, à Pont-Saint-Esprit, fut présenté à la cour à l'occasion du mariage de Henri IV et de Marie de Médicis, on pré-
tend que lui et ses deux frères n'avaient qu'un seul manteau
qu'ils portaient tour à tour et qu'ils se repassaient lorsqu'ils
allaient chez le roi. Mais ils étaient très forts sur tout ce qui
tient à la chasse au vol, et Louis XIII les prit en affection.
Depuis, il y a eu des de Luynes qui ont occupé de grandes
situations, qui ont été des hommes de guerre remarquables.
même des hommes de lettres de talent. Je vous ai montré la
Pie-grièche ; je ne puis pas vous montrer le duc de Luynes...
il est à Clairvaux.

Voilà la chasse *du* Faucon telle qu'elle se pratique encore
en Hollande, où les anciens fauconniers du Loo ont été
prendre leur retraite et où elle sert à remonter les équipages
anglais qui envoient tous les ans un ou plusieurs de leurs
hommes, après le passage d'automne, prendre livraison des
Hagards capturés par le vieux Mollen, ses fils ou ses élèves.
J'y ai été moi-même dans le temps faire un séjour d'une hui-
taine de jours avec mon collègue et ami de l'équipage de
Champagne, Julio Alfonso de Aldama. La saison du passage
était déjà presque terminée, cependant nous partageâmes
avec Mollen les longues attentes de la hutte et nous assis-
tâmes à plusieurs prises. Puis le soir réunis dans la petite
auberge de Valkenswaard autour du poêle de la salle com-
mune, nous prîmes part à ces longues veillées des fauconniers où il s'agit de commencer le dressage en habituant l'oiseau à être porté sur le poing et en brisant son caractère
farouche et indomptable par la privation de sommeil au
moyen duquel on en vient très rapidement à bout. Rien de
plus pittoresque que ces longues veillées dans cette salle
fumeuse ornée tout autour de portraits de Faucons et de
scènes de chasse. Quelques-uns des amis de Mollen venaient
nous tenir compagnie, et là, chacun avec un Faucon sur le
poing, attablés devant les immenses bocks de la Hollande,
nous devisions jusqu'à une heure avancée de la nuit, de
choses de chasse et de sport et évoquions dans les spirales
bleuâtres qui s'élevaient du fourneau des longues pipes en
terre blanche, les souvenirs des temps passés. Et que de fois

remontés dans nos chambres d'auberge, nous avons vu le rêve donner un corps à ces souvenirs et pourfendant les monstres terribles de la forêt de Broceliande, eh! ma foi! nous avons délivré de belles damoiselles sur de blanches haquenées!

En quittant Valkenswaard nous passâmes par la Haye où nous rencontrâmes le prince d'Orange. La reine apprit par lui le singulier séjour que venaient de faire dans un coin retiré de la Hollande deux étrangers venus pour étudier sur place un art pour lequel elle avait été naguère très passionnée elle-même et elle voulut nous voir. Nous reçûmes un beau jour l'invitation de nous rendre au château pour y passer la soirée. C'est une cour très simple et très peu formaliste que celle de Hollande, et lorsque nous arrivâmes au château, on ne fit pas du tout sortir la garde pour nous recevoir. Un suisse ou concierge, à moitié endormi, nous indiqua un escalier, puis toute une série de corridors peu éclairés où nous nous égarâmes si bien que nous n'osions plus continuer notre route, et comme dans la *Grande Duchesse*, Alfonso me demandait déjà « dans la chambre au fond du couloir, qu'est-ce qui va nous arriver, mon Dieu ? » lorsqu'une porte s'ouvrit et nous nous trouvâmes en présence de la reine qui prenait le thé avec quelques dames. On nous fit le plus gracieux accueil, et il fallut raconter par le menu tout le détail de notre séjour à Valkenswaard. Sa Majesté était très intriguée de savoir comment, ne connaissant pas la langue, nous avions pu nous tirer d'affaires dans ce coin écarté de son royaume et il fallut lui expliquer comment nous avions fait par exemple pour retrouver le cimetière des fauconniers de Valkenswaard que nous avions voulu visiter. Oh! mon Dieu, c'était bien simple. Il avait neigé ce jour-là, et quand nous rencontrions un paysan sur la route, Alfonso creusait un trou dans la neige, s'y couchait, et je faisais mine de l'ensevelir. Ceci joint à une pantomime énergique nous fit indiquer la route du champ de repos.

Messieurs, je vous ai parlé du dénichage des Faucons pèlerins, de leur prise au moment du passage. Je voudrais vous dire quelques mots du dénichage de l'Autour qui est encore assez fréquent dans nos forêts de haute futaie et que l'on peut se procurer plus facilement que le Faucon pèlerin. C'est l'oiseau indiqué pour la petite chasse, ce que l'on appelait la *basse volerie* autrefois ; c'est l'oiseau pour gibier par excellence, le pourvoyeur de l'office et du garde-manger. Est-ce pour cela qu'au moyen âge on l'appelait « *cuisinier* » ou parce qu'on le gardait à la cuisine, son bloc placé près de la cheminée, pour qu'il se familiarisât davantage avec la présence de l'homme, le contact des chiens, les allées et venues de tout venant ? Je ne sais, mais il est de fait que pour que l'Autour atteigne le maximum de perfection, il faut qu'il vive dans la plus grande intimité avec son maître, et qu'il soit tellement rompu et discipliné que rien ne l'effraye ni ne l'effarouche. C'est aussi peut-être pour cela qu'on ne le chaperonne jamais. L'Autour n'existe plus aujourd'hui en Angleterre ; les derniers y furent dénichés au commencement du siècle par le colonel Thornton dont je vous ai parlé.

Les Anglais étaient donc tributaires de l'Allemagne pour se remonter en Autours lorsque nous recommençâmes à faire de la fauconnerie en France. Aujourd'hui, c'est nous qui les leur fournissons. C'est un commencement de revanche. On fait ce qu'on peut, n'est-ce pas ?

C'est ainsi que nous allons dénicher des Autours dans la forêt de Lyons et autres grandes futaies. Au commencement, on ne savait pas bien ce que c'était qu'un Autour ; les gardes les appelaient de grands Emouchets, de grands ceci, de grands cela. Aujourd'hui ils les connaissent et tous les ans nous en envoient vingt-cinq ou trente qui, après avoir fait un stage au Jardin d'Acclimatation, sont répartis dans les divers équipages et chez divers amateurs. Les Autours nichent au sommet des plus grands arbres, plus souvent en lisière que dans le centre des massifs que préfèrent les Buses. C'est vers le 20 juin que les jeunes sont bons à prendre. Vers cette date, nous nous rendons dans la forêt de Lyons avec les ébrancheurs patentés de l'État ; les gardes nous conduisent aux nids qu'ils ont surveillés et un ébrancheur ou monteur, ayant fixé à ses pieds des griffes de fer, entreprend l'escalade. D'autres ébrancheurs se tiennent prêts à escalader rapidement les arbres voisins dans le cas où les jeunes oiseaux, prenant leur vol au moment où l'on arrive à l'aire, iraient s'y percher ; cependant ils tombent généralement à terre. C'est une poursuite qui ne manque pas d'animation. L'habitude qu'ils ont de vivre dans les arbres a donné aux pieds des ébrancheurs une inclinaison toute particulière, si bien que lorsque vous voyez marcher un ébrancheur vous le

Dénichage d'Autours au Japon.

reconnaissez facilement à la façon dont son pied ne repose pas à plat sur le sol et porte sur le bord externe. C'est exactement de cette manière que marchent les singes. Regardez marcher un singe ; c'est sur la tranche de son pied qu'il appuie, comme un ébrancheur.

On déniche les Autours partout de la même façon. Comme je n'ai pas d'ébrancheur français sous la main, vous ne serez peut-être pas fâchés de voir un ébrancheur japonais prenant des Autours. En voici un dans l'exercice de ses fonctions.

(Projection : *Dénichage d'Autours au Japon.*)

L'année de la guerre, une petite bande de fauconniers dont je faisais partie, revenait d'un dénichage d'Autours ; nous avions nos oiseaux dans des paniers et nous les avions déposés sur le quai de la gare où nous allions prendre le train. Il faut croire que nous avions l'air un peu réactionnaires ! Un commissaire de surveillance nouvellement nommé, un commissaire de nouvelle couche, qui avait rôdé autour de nos bagages, s'avisa de nous demander ce que nous avions là. L'un de nous eut la malheureuse idée de lui dire d'un air narquois que c'était des Aigles... en accentuant. Ce commissaire de surveillance n'en était pas un lui-même et absolument étranger aux pratiques de la fauconnerie, il se fâcha lorsque nous lui dîmes que nous comptions dresser ces oiseaux pour la chasse. Il se révolta à l'idée qu'en plein XIXᵉ siècle, au lendemain de la proclamation de la République, il put y avoir encore des gens avec des Aigles, qui allaient chasser au Faucon ! Chasse au Faucon, temps prohibé, ancien régime, justes lois (il y avait déjà de justes lois !). Si bien que notre homme nous fit passer dans son cabinet et nous y enferma à double tour, le temps de demander des instructions à la préfecture. Se souvenant de la légende du débarquement à Boulogne, du prince Louis-Napoléon avec un Aigle apprivoisé, il télégraphia à la préfecture qu'il venait de mettre la main sur une bande de conspirateurs venant d'Angleterre par des voies détournées, avec une cargaison d'Aigles et qui se proposaient évidemment de renverser la République. Heureusement qu'à la préfecture, on connaissait le personnage comme très ombrageux. On nous connaissait aussi comme portant moins ombrage, et nos moyens révolutionnaires ne parurent pas suffisants au gouvernement de M. Thiers pour maintenir notre arrestation. Deux heures après, notre farouche geôlier recevait une dépêche lui disant:

« Relâchez vos prisonniers, vous avez fait une bêtise. »
Cette fois encore la fauconnerie l'avait échappé belle.

L'Autour est, par excellence, le chasseur de poil. On le

Autour prenant un Lièvre.

dresse aujourd'hui presqu'exclusivement pour le Lièvre et le
Lapin. Il peut travailler dans les futaies et sous bois aussi
facilement que le Faucon pèlerin en plaine, et c'est ainsi que

l'utilisent nos fauconneries modernes, en Angleterre, Lord Lilford, le capitaine Salvin, M. Mann, M. Riley ; en France, MM. Barrachin, Cerfon, Gervais, Belvallette. Chez MM. Gervais et Barrachin, nous furetons les Lapins sous bois, un Autour sur le poing. L'oiseau a appris à connaître les furets et ne s'occupe d'eux que pour suivre leurs évolutions avec intérêt. Dès que le Lapin s'élance hors de son terrier, l'Autour le suit. Son adresse à éviter les troncs d'arbres et les branches est merveilleuse ; au bout de 100 à 200 mètres, le Lapin est pris. Mais parfois il se débarrasse de l'étreinte de son adversaire et réussit à se terrer. Alors l'Autour revient attendre un nouveau départ sur le poing de son maître ou se perche sur un arbre voisin d'où il juge que sa descente sera plus avantageuse. Avec un bon tiercelet d'Autour, nous avons pris en plein bois, chez M. Paul Gervais, jusqu'à 23 Lapins d'affilée sans en manquer un. Si vous voulez voir un Autour prenant un Lièvre, nous allons lâcher un Lièvre.

(Projection : *Autour prenant un Lièvre*.)

Voilà l'Autour prenant un Lièvre ; il lui a sauté sur le dos, lui a mis une main au collet et de l'autre il lui chatouille les reins d'une façon désagréable.

Comme contraste, nous allons vous faire voir la prise d'un oiseau en l'air, par un Faucon de haut vol.

(Projection : *Pèlerin prenant un Canard*.)

Voilà le Faucon qui a pris un Canard. Après être monté à une grande hauteur au-dessus du Canard, il s'est laissé tomber dessus comme une balle, et simplement en le froissant dans sa descente, en le frappant avec ses serres, il lui a cassé le col.

M. P. Gervais est assurément le plus expert des fauconniers que nous ayons aujourd'hui en France. Il a étudié son art dans les divers pays où on le pratique encore, et son enthousiasme était tel à un certain moment qu'il fallait que tout le monde chez lui s'occupât du dressage des oiseaux ; le jardinier portait un Faucon ; le cocher portait un Faucon ; le concierge portait un Faucon ; tous les membres de sa famille portaient des Faucons au moment du dressage ; c'était comme pour une moisson de plumes, il fallait que tout le monde mît la main à l'ouvrage pour rentrer la récolte, et

quand on disait que c'était fatigant, M. Gervais répliquait :
« Changez de bras, mettez-le sur l'autre », mais il fallait que
tout le monde portât son oiseau.

M. Gervais a introduit chez lui le mode de piégeage des
Faucons de passage usité en Hollande, et sur les plateaux de

Pèlerin prenant un Canard.

la Brie, aux environs de Meaux, il a fait chaque année à la
hutte, que je vous ai décrite tout à l'heure, des prises d'oiseaux superbes. Il n'a pas dressé que des Faucons ; il a dressé
un fauconnier, Gille, chez qui la vocation s'est aussi déclarée
d'une façon intense et qui est certainement aujourd'hui passé
maître. M. Gervais a eu presque toutes les espèces d'oiseaux

de vol et même un Aigle doré rapporté du Turkestan par
MM. Benoît-Maichin et de Mailly-Nesles. L'Aigle doré n'est

Aigle doré.

pas usité chez nous, mais en Orient on le dresse pour de
grosses proies que le Faucon serait impuissant à arrêter; le

Loup, le Renard, l'Antilope, l'Onagre ou Ane sauvage. La difficulté est d'amener l'Aigle à avoir assez faim pour qu'il se donne la peine de chasser et de poursuivre. Cet oiseau a, ce que j'appellerai, l'estomac philosophique. Il se dit que ce n'est pas beaucoup la peine de se donner tant de mal pour gagner de vitesse une proie qui ne lui procurera peut-être après tout qu'une déception culinaire. Il aime donc mieux attendre une bonne occasion pour se procurer facilement sa nourriture.

Aigle Bonelli.

L'Aigle doré de M. Gervais s'appelait « Auguste ». Il est mort l'an dernier seulement, et comme chez nous les Anes ne sont pas sauvages, c'est une autre proie qu'on lui faisait voler à Rosoy. Je crois que la mère Michel a dû souvent réclamer son chat dans les endroits où l'Aigle de M. Gervais faisait son déplacement de chasse, mais cela, c'est entre nous, n'est-ce pas, et je vous prie de n'en rien dire. D'abord, Auguste est mort l'an dernier et c'est à lui de se débrouiller maintenant, sur les sombres bords, avec les mânes des Chats qu'il y rencontrera. Voici l'Aigle de M. Gervais. Vous le voyez là de grandeur naturelle.

(Projection : *Aigle doré.*)

4

Une autre espèce d'Aigle, d'un emploi peu fréquent chez nous, mais que nous croyons reconnaître dans le *Million* des anciens auteurs, le Bonelli, est beaucoup plus petit que l'Aigle doré ; par conséquent, il est d'un maniement plus facile. M. Barrachin possède deux de ces Aigles, dont l'un est dressé au Lapin comme un simple Autour et se tire parfaitement de sa tâche, volant sous bois et se débrouillant dans les taillis avec beaucoup plus d'agilité qu'on ne pourrait le supposer chez un aussi gros oiseau.

(Projection : *Aig'e Bonelli*.)

Voici un des Aigles de M. Barrachin. Bonelli est son nom officiel, son nom d'Histoire... naturelle ; dans la vie privée, pour les dames, il s'appelle « Jupin ». L'établissement de fauconnerie de M. Barrachin est à une petite distance de Paris, et vous avez dû le rencontrer plus d'une fois, à la gare du Nord, allant voir ses oiseaux. Il a toujours à la main un sac de nuit dans lequel il y a des Lapins et un tas de choses excellentes à manger pour les Faucons.

C'est en Angleterre qu'il faut aller pour trouver aujourd'hui des équipages de fauconnerie vraiment dignes de ce nom. Le Old Hawking Club existe depuis 1863 et compte parmi ses membres actifs lord Lilford, M. Newcome, le fils de l'ancien sociétaire du Loo, M. Saint-Quintin, le comte de Londesborough, le duc de Saint-Albans, fauconnier héréditaire de la couronne d'Angleterre, etc. Les Faucons pèlerins, au nombre d'une quinzaine, sont sous la direction immédiate de l'Hon. Gerald Lascelles, et le fauconnier en chef est John Frost, un élève de M. Newcome, le père. Le Old Hawking Club a particulièrement réussi le dressage des Faucons hagards pour le gibier et notamment le Grouse. Pour bien réussir ces vols, il faut que les oiseaux soient complètement sous la domination de leur maître, ce qui est toujours difficile à obtenir avec des Faucons pris sauvages. Il n'est pas probable que les anciens fauconniers aient jamais atteint une semblable perfection. C'est au Old Hawking Club que j'ai fait mes premières armes sur les dunes de Salisbury où, pendant les mois de mars et avril, le Club se réunit pour voler la Corneille. Je me souviens y être allé une fois avec mon pauvre ami Chéri-L.Montigny qui eût fait un fauconnier

de premier ordre s'il avait vécu, mais il est mort d'une façon
horrible, mordu par un chien enragé. C'était le fils de Monti-.
gny, le directeur du Gymnase, et de cette excellente artiste,

Le major Fisher.

Rose Chéri, si appréciée et si honorée par tous ceux qui l'ont
connue, non pas tant pour son talent, que pour cette renommée d'honnêteté et de vertu, qu'elle avait su conquérir jusque
sur les planches.

Chéri-Montigny ne parlait pas un mot d'anglais, il ne connaissait que quelques poésies enfantines que l'on apprend dans les « nurseries » et il nous amusait beaucoup en les appliquant à tort et à travers. Il lui est arrivé de traiter un vieux fauconnier barbu de « pretty girl » et une pimpante laitière de « old boy ».

Après le Old Hawking Club, l'équipage le plus important de l'Angleterre est celui du major Fisher, de Stroud, dans le Glocestershire. Il chasse aussi le Corbeau dans les plaines de Salisbury. Mais sa grande spécialité est la Grouse d'Écosse.

(Projection : *Équipage Fisher.*)

Voici un déplacement de chasse du major Fisher que vous reconnaîtrez au milieu du groupe, avec sa barbe blanche, derrière le cadre qui porte les oiseaux. Je vous signale son Chien d'arrêt, un fameux ! Ce Chien mène à la remise où son odorat lui signale la présence du gibier; les Faucons volent en l'air au-dessus du Chien dont ils comprennent le travail et qu'ils suivent comme les chasseurs, sachant que lorsque le pointer marque l'arrêt, les Grouses vont s'envoler et que ce sera à leur tour de payer de leur personne.

(Projection : *Équipage Mann.*)

Voici maintenant l'équipage de M. Mann. M. Mann n'entretient des Faucons que depuis cinq ou six ans, mais il en a d'excellents, sous la direction d'A. Frost, son fauconnier, le frère du fauconnier du Old Hawking Club. Vous le voyez se promener, un Autour sur le poing, au milieu des blocs sur lesquels « jardinent » les pèlerins.

(Projection : *Équipage Watson.*)

Voici enfin les oiseaux du major Watson, du 11º hussards. Le 11º hussards est un des plus beaux régiments de cavalerie de l'Angleterre, et les vols de l'équipage du major Watson font le bonheur des différentes garnisons que ce régiment a été appelé à occuper.

Messieurs, tel est l'état de la fauconnerie en Europe de nos jours. C'est en Orient qu'il faudrait aller pour retrouver

Équipage de M. Mann.

Équipage du major Watson.

les grands équipages et les grands sports de Bajazet et des croisades. Le temps me manque pour vous y conduire; c'est un peu loin, et je ne puis que vous faire entrevoir, dans la vision rapide d'une projection, nos Arabes d'Algérie sous la tente, vivant dans la plus grande intimité avec leurs oiseaux,

(Projection : *Tente arabe.*)

puis le fauconnier arabe lancé au grand galop à travers le désert, ses oiseaux perchés sur son épaule, sur son turban et l'entourant comme d'une auréole de plumes. Ceci est d'après un tableau populaire de Fromentin.

(Projection : *Fauconnier arabe.*)

La réintroduction de la fauconnerie nous a fait connaître, Messieurs, un autre sport qui tient de près à la fauconnerie; c'est la pêche au Cormoran, c'est la fauconnerie sous l'eau. La pêche au Cormoran n'avait pas été pratiquée en France depuis bien longtemps. Vous savez qu'elle se pratique en Chine et au Japon. L'amiral Layrle m'a dernièrement rapporté une photographie prise à l'entrée d'un fleuve du Japon, à Gifu, et vous allez voir comment les Japonais s'y servent du Cormoran. Vous savez que c'est un oiseau d'eau à pieds palmés comme le Canard. Son gosier est très grand, très large. On lui met un collier au bas du cou de sorte que lorsqu'il prend un poisson, il ne peut l'avaler et est obligé de le rapporter à son maître dans les profondeurs de son œsophage.

(Projection : *Rivière de Gifu.*)

Le dressage du Cormoran est un peu comme celui du Faucon. C'est un apprivoisement et un dressage à revenir quand on l'appelle. Chacun des bateaux de pêche que vous voyez sur cette rivière est accompagné de douze Cormorans que vous apercevez nageant autour de l'embarcation de leur maître.

La fauconnerie avait introduit la pêche au Cormoran en Angleterre : nous avons fait la même chose en France.

Voici le capitaine Salvin, un de nos excellents confrères anglais, pêchant dans une rivière du Yorkshire avec ses Cormorans.

J'avais jadis raconté au prince Napoléon la façon dont je
êchais au Cormoran. Le prince Napoléon avait épousé, vous
e savez, la fille du roi d'Italie Victor–Emmanuel qui était

Projection : *Cormorans anglais*)

grand amateur de sport et avait à Monza une ménagerie très
bien entretenue. Le prince ne se rappelait pas bien ce que je
lui avais dit, et il raconta au roi d'Italie qu'il connaissait

quelqu'un qui pêchait avec des Pélicans. Le roi fit aussitôt venir son faisandier et lui dit : « Vous avez des Pélicans qui ne font rien que manger toute la journée. Il faut les faire pêcher. » Et voilà le faisandier qui entreprend, respectueux de la volonté royale, le dressage de ses Pélicans, mais il avait beau les porter toute la journée sur un bras et changer de bras quand il était fatigué, il n'arrivait à rien, si bien qu'à un voyage du prince Napoléon en Italie, le roi lui exprima son déplaisir et son insuccès. J'eus à subir au retour du prince en France, le contre-coup de ces sanglants reproches ; nous eûmes une explication d'où il résulta qu'il y avait eu erreur et que Cormoran et Pélican, pour être de la même famille, ne sont cependant pas la même chose.

Messieurs, voilà en peu de mots (en peu de mots ? en trop de mots, je le crains !) l'histoire de la fauconnerie passée et présente. Ce qu'elle sera dans l'avenir... dame ! c'est à vous à le faire cet avenir. Il y a évidemment un réveil de ce sport qu'il faut entretenir ; les excellents traités de nos contemporains : Magaud d'Aubusson, Cerfon, Foye, Belvalette, en France, Salvin et Harting, en Angleterre, y contribueront puissamment en évitant bien des écoles. A l'Exposition universelle, une section de l'Histoire du Travail avait été consacrée à la fauconnerie. Il y a dans ce moment à Londres, à la Grosvenor Gallerie, une exhibition de sport où la fauconnerie occupe une place importante, et je vous engage à l'y aller voir.

Donc les instruments de travail ne manquent pas ; il ne faut qu'un peu de bonne volonté et de persévérance.

N'aurions-nous plus, Mesdames, cette tenacité et cette ardeur que Shakspeare signale comme étant le propre du fauconnier français

We'll e'en to it like French Falconers.

Nous poursuivrons, nous atteindrons notre but comme des fauconniers français.

et faudrait-il prendre dans son mauvais sens le jeu de mots contenu dans la devise des fauconniers du Loo :

Mon espoir est en pennes.

Non, Messieurs, j'aime mieux m'arrêter sur cette autre devise d'un de nos fauconniers contemporains :

Tout vient au poing de qui sait s'y prendre.

ou bien encore sur cette autre du xviᵉ siècle, faisant allusion au chaperon qui aveugle momentanément la vision de l'oiseau :

Post tenebras lux.

Après les ténèbres la lumière.

Sans doute, il sera plus commode et plus sûr aujourd'hui pour nos ménagères d'aller aux halles centrales approvisionner notre garde-manger, et le cordon bleu a détrôné le *cuisinier ;* mais la fauconnerie n'en conservera que davantage son caractère noble, désintéressé et artistique.

Sans doute, vous ne réussirez pas du premier coup, sans doute vous aurez des déceptions et sans doute aussi quelques mécomptes, mais n'est-ce pas là toute la vie et ne faut-il pas que l'âme se trempe aussi bien aux petites qu'aux grandes choses ! Ah ! Messieurs, ce n'est pas d'hier, allez, qu'un fauconnier fameux, Gace de la Bigne, chapelain du roi Jean pendant sa captivité en Angleterre, écrivait dans son vieux langage :

De chiens, d'oiseaux, d'armes, d'amour,
Pour une joie, cent doulours !

Extrait de la *Revue des Sciences naturelles appliquées.* — Nᵒˢ 1, 2 et 4.
5-20 janvier et 20 février 1891.
(Bulletin bimensuel de la Société nationale d'Acclimatation.)

Versailles, imp. CERF ET FILS, rue Duplessis, 59.